Wer es verstehen kann, der verstehe es.

Wer aber nicht, der lasse es ungelästert und ungetadelt.

Dem habe ich nichts geschrieben.

Ich habe für mich geschrieben.

Jakob Böhme

Jedes ausgesprochene Wort erregt den Gegensinn

Joh Wolfgang v. Goethe

.

Ich danke

Dem Unternehmen BoD das durch seine Konzeption die Veröffentlichung auch unkonventioneller Ideen erlaubt.

U. W. Geitner

Der Schlüssel des Universums

Das Innenleben der Elementarteilchen X d

Inhalt

1 Einführung

Was sind die Rätsel und Wunder im All? Das sind die Widersprüche, das was wir nicht verstehen: was doch so ist, wie es nicht sein sollte. Was uns mit Ehrfurcht erfüllt wie alles, was wir nicht verstehen. Der Arzt, der unser Leiden mit vielen Fremdworten und einer besonderen medizinischen Logik erklärt, erfährt unsere Bewunderung und weiß diese für sich zu nutzen.

Physiker verhalten sich nicht unähnlich. Nicht bewußt, das sei keinem unterstellt. Die Widersprüche zu pointieren, mit Unverständlichem zu jonglieren wird zu einem Spiel, das Aufmerksamkeit garantiert, durch die Medien verstärkt. Und gerade diese sind es, die der Entzauberung den Weg bereiten: „man kann........" So klar ist das selten zu lesen oder hören, schon gar nicht in Fachbüchern. Eine fachkundige und breite Diskussion der Widersprüche weckt Interesse und erleichtert den Zugang und manchmal auch die Lösung. Wirken wir in diesem Sinne und schauen was dabei herauskommt.

.

2 Rätsel

2.1 Im Makrokosmos

Die meisten Wunder und Rätsel finden wir im supergroßen Kosmos (Universum) und im superkleinen (Quantenwelt). Zur genaueren Einsicht vgl Band IX. *(Bilder 2.1)*

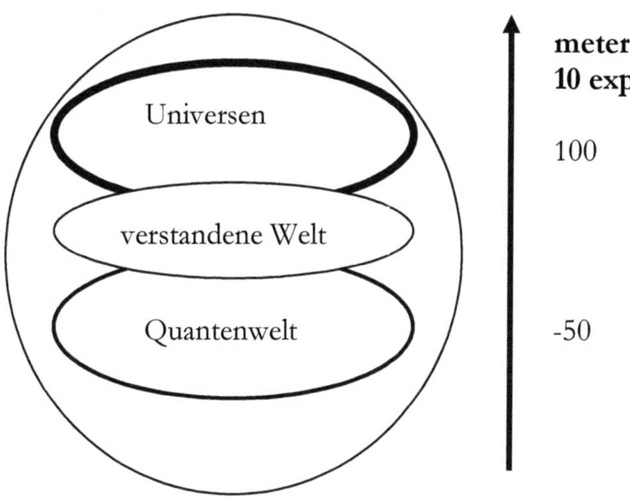

Bild 2.1-1 : Erkenntnis- und Rätselbereiche

	Erklärungs-	
gegenstand	**modell**	**möglichkeit**
Nach-universen	Etwas >> Nichts	gering
Universum	Standardmodell	groß
Enstehung	Urmodell	mittel
Vor-universen	Nichts >> Etwas	sehr gering

Bild 2.1-2 : Erkenntnisbereich und - möglichkeit

2.1.1 big bang, big crunch, big rip

Vermutlich begann die Entwicklung des Universums mit einer Explosion aus einem sehr dichten und kleinen Kern.Und aus was besteht dieser dichte kleine Kern? Er besteht aus Energie. Und woraus besteht die Energie, woher kommt sie? Mehr Fragen als Antworten. Erst wenn es gelänge die Entstehung des Urknalls zu erklären, wäre eine Antwort auf den Beginn des Universums gefunden (Band VII Le Debut de l'Univers).

Beim big crunch geht alles rückwärts: das Universum schrumpft zu einem kleinen dichten Kern, beim big rip fliegt alles immer weiter auseinander bis nichts mehr bleibt. Und überall diegleichen Fragen: was war davor, was ist danach?

2.1.2 Dissipationsparadoxon

Der Widerspruch ist in Band VII beschrieben: Wenn die Punktekollision, aus der das /die Universen (nach unserem Vorschlag) entstehen, versiegt , lösen sich die Universen schlagartigt auf (die Kollisionsgeschwindigkeit ist unendlich). Das tritt vermutlich nicht ein, weil die Kollisionsquellen (Nichts) selbst unbegrenzt sind (*Bild 2.1.2,*).

2.1.3 Dunkle Materie/Energie

Das Adjektiv „dunkel" signalisiert, daß sie sehr schwer zu erfassen und zu beschreiben ist. Die Schwierigkeiten in der Beschreibung rühren zu einem guten Teil daher, daß die von der Physik angebotenen Modelle meist als geschlossene Systeme angeboten werden, wie auch das sog. „Standardmodell". Was spräche dagegen, sie grundsätzlich offen zu begreifen? Dazu müßte man ein Konstruktionsprinzip in dem Modell erkennen und das fehlt. Mit der Erweiterung durch das Urmodell und den sog. evolutionären Code wird der Mangel behoben (Band IX).

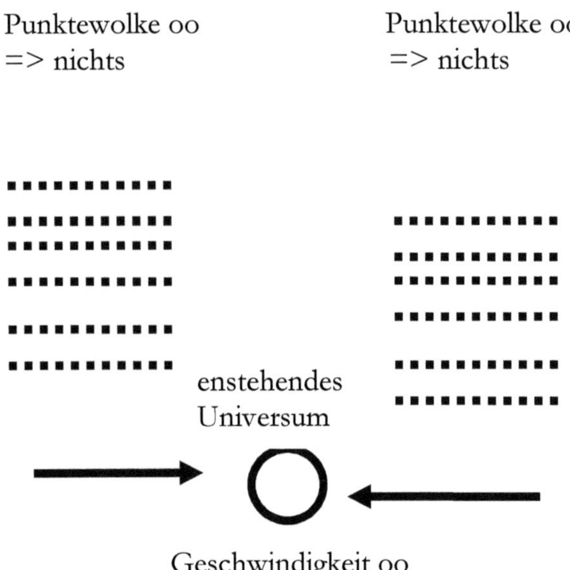

Bild 2.1.2:   **Dissipationsparadox**

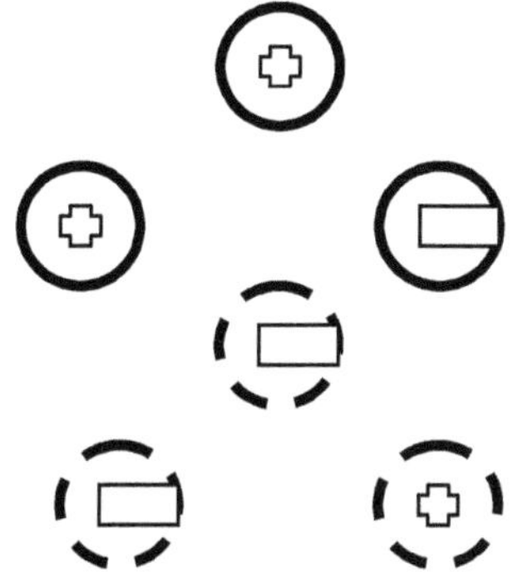

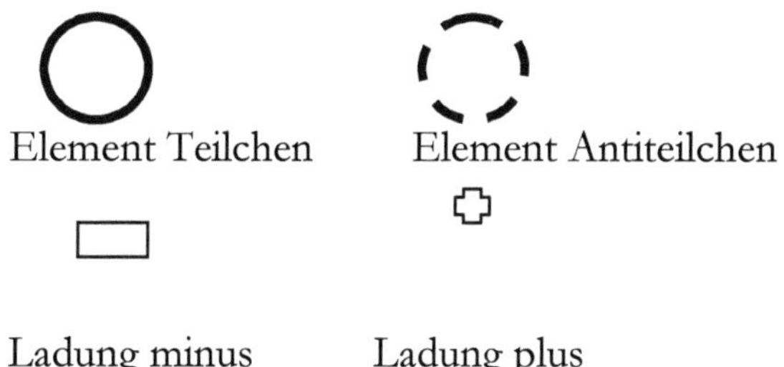

Bild 2.1.4: Schemaaufbau von Elementarteilchen

2.1.4 Wo ist die Antimaterie

Der Begriff Antimaterie ist irreführend. Es hanelt sich nämlich um die zur Materie völlig identischen Bausteine (Elementarteilchen). Anti sind nur die Ladungen alle bis auf die der Masse. Nach derzeitigem Erkenntnisstand müßten Teilchen und Antiteilchen in dergleichen Menge im Kosmos verteilt sein. Denn in der Summe wären die Ladungen dann Null. Bis auf die Masse, die mit der Energie „gleich"zusetzen ist. Wo sind die Antiteilchen? Nach herrschender Meinung haben sich die Teilchen gegenseitig vernichtet – bis auf einen durch eine vermutete Asymmetrie bleibenden Rest – unser Universum. Nach unserer Meinung sind die Antiteilchen in den Teilchen versteckt (Band I und andere). *(Bild 2.1.4)*

2.2 Im Mikrokosmos

2.2.1 Licht mit Höchstgeschwindigkeit v = c

Es gibt eine Maximalgeschwindigkeit im Kosmos: c, sagt Chefphysiker Einstein. Warum? Das verrät er nicht. Es gibt inzwischen zahlreiche Hinweise auf weit höhere Geschwindigkeiten. Gilt c vielleicht nur für bestimmte „Bereiche", etwa unsere Erfahrungswelt? Nein! Für alle physikalisch durchführbaren Versuche? Nein! Wir können allenfalls formulieren: In der physikalisch abbildbaren Erfahrungswelt „dominiert" c als Höchstgeschwindigkeit. Eine generelle Höchstgeschwindigkeit scheint es nicht zu geben. Das wäre ein wahres Wunder oder Rätsel.

2.2.2 Fernwirkung, Bell'sche Ungleichung

Sogenannte „verschränkte" Quanten können (fast?) zeitlos miteinander reagieren. Das sind Quanten, die eine komplementäre (gegensätzliche) aber noch nicht ausgeprägte Eigenschaft (z.B. Ladung +, -) haben. Die Raktion erfolgt auch über „große" Entfernung. Einstein vermutete sog. versteckte Variable als Ursache. Bell hat gezeigt, daß das nicht sein kann und wurde berühmt dafür. Dennoch hat er sich – Beifall –

zeitlebens eine gesunde Skepsis gegenüber seinen Ergebnissen bewahrt. Und tatsächlich: Wenn die Höchstgeschwindigkeitsgrenze c fällt, muß der Fall neu verhandelt werden:

Das eigentliche Rätsel ist dabei weniger die zeitlose Kommunikation, sondern daß sich die Informationen der Quanten über große Distanzen „finden", die untersuchten Quanten (sind nicht festgenagelt) bewegen sich oft mit Lichtgeschwindigkeit. Außerdem gilt die Heisenbergsche Unschärferelation. Beides: Überwindung der Zeit und der Distanz gehören logisch zusammen wie wir gleich zeigen:

Die Kommunikation läßt sich mit zwei Pendeln konstruieren, die mit v >> c zwischen beiden Quanten pendeln und jeweils die komplementäre Eigenschaft „transportieren", aslo zB links- und rechtsdrehend. Sie pendeln gegenläufig, dh. kehren zur „gleichen Zeit" beim jeweils komplementären Quant um. Wenn nun ein Pendel nicht „umdreht" sondern bei seinem erreichten Quant bleibt, ist das Doppelpendel hin, das eine Quant erhält die eine, das andere die komplementäre Eigenschaft. Etwas pauschal können wir schließen: wenn die Zeit keine Rolle spielt, also gegen 0 geht, dann kann auch die räumliche Distanz keine Rolle spielen, die Quanten sind sich also immer „ganz nah". Die Pendel sind Primärquanten und damit zu v>> c „berechtigt". Wenn sie das Pendeln beenden werden sie zum „normalen" Subquant mit v = c. Das Wie wollen wir hier nicht dikutieren, denn „Primär- und Sekundärquant" sind in der Quantenphysik bis dato nicht akzeptiert.(*Bild 2.2.2*)

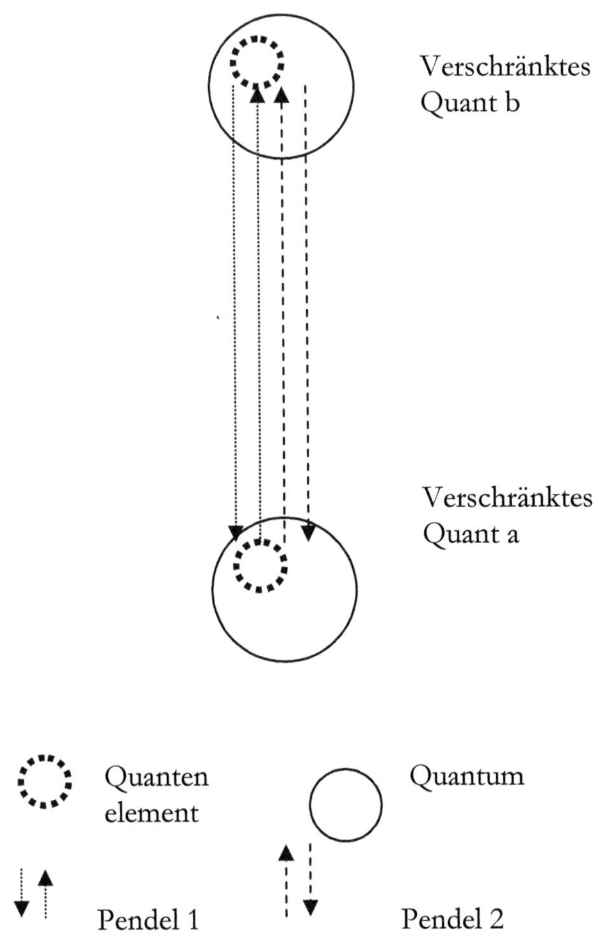

Bild 2.2.2 Fernwirkung über harmonisches Doppelpendel

2.2. 3 Unschärfe

In der Quantenwelt ist alles unscharf. Nichts ist sicher, alles nur wahrscheinlich. Ganz anders als die klassische Physik. Wirklich? In der Quantenphysik gibt es eine kleinste (Wirkungs)einheit: h, mit der die Unschärfe formuliert wird. Wenn wir in der klassischen Physik keine Wirkung kleiner als eine Js (Joule sec) erfassen, erzeugen, messen könnten, hätten wir hier diegleiche Unschärfe. Wenn wir ein Ojekt in dem unscharfen Bereich (Zeit, Raum) „erwischen", dann ist es tatsächlich da: quantenbezogen oder klassisch. Die Wahrscheinlichkeitslehre ist ein hervorragendes Mittel, um unscharfe Ereignisse zu beschreiben, nicht nur beim Lotto oder Wetter.

2.2.4 Welle-Teilchendualismus

Die Quanten (als kleinste Teilchen) sind sowohl Teilchen wie Welle. Die Formulierung ist für die Beschreibung der Quanten nicht ungeschickt, führt aber in die Irre, wenn Teilchen und Welle physikalisch getrennt werden. Sogar einige Schulbücher erkennen die Falle und folgen der Interpretation: Die Welle (Wellenpaket) ist das Teilchen und das Teilchen ist die Welle.

Beides sind Erscheinungsformen, die sich eergänzen: Beim Teilchen werden eine oder mehrere Kräfte erfaßt. Bei der Betrachtung als Welle wird die Frequenz u./o die Wellenlänge betrachtet. Dabei erwischt man in der Regel nur die sog Führungswelle aus dem komplexen Wellenpaket (nach unserer Betrachtung die Welle des Kopfes).

3 Aufbau der Quanten

Das folgende Modell ist mehr ein Denkmuster als eine Lösungsvorschrift. So oder so ähnlich könnte ein Lösungsansatz für mancherlei Fragen aussehen. Wir halten Ansatz bewußt offen, zB. Durch die Erweiterung des Standardmodells um das sog. Urmodell und auch – vgl. die vorangehenden Bände III u. VI. – das Unerklärbare, nenne man es nun Gott oder anders. *(Bild 3)*

Typ der Objekte	**Physikalisches Erklärungsmodell**
Ur-, Primär-, Subquanten	Urmodell
Fermionen, Bosonen (Elektron, Lichtquant...)	Standardmodell
Teilchen	klassisches Physikmodell

Bild 3: Objekt und Erklärungsmodell

3.1 Entstehung

Wo sollen wir nun beginnen, um einige der vielen Rätsel aufzugreifen? Die Frage scheint einvernehmlich geklärt: sowohl im Mikro- wie im Makrokosmos (bei der Entstehung des Universums (der Universen) spielen die Quanten die entscheidende Rolle. Als Quanten verstehen wir alle Teilchen/Wellenpakete, die der Quantenmechanik genügen: Doppelnatur, Unschärfe...*(Bild 3.1-1)*.

Wichtiger als die Definition ist die Antwort zur Entstehung:

- Wie entsehen (einzelne) Wellen (etwa gleich Energie"element", man denke an h das Wirkungsquantum)
- Wie entstehen (daraus?) Wellenpakete (man denke an Elektronen, Licht...)

Eine Antwort auf die Frage wie die ersten Wellen (Energie, vor dem Urknall war die Energie) entstanden sein könnten haben wir in Band VII (Le Debut de l'Univers) gegeben. Entscheidend ist dabei die Entstehung der Impulseigenschaft,: die Fähigkeit zu reagieren, durch Richtungs-, Geschwindigkeits- und Frequanzänderung.

Zur Erklärung der Welleneigenschaft hat man früher den Äther bemüht: Die Welle entsteht ähnlich wie die Schallwelle in der Luft oder die Wasserwelle im Meer. Diese These hat man aus gutem Grund fallen gelassen. In der von uns entworfenen Umgebung (Urmodell: „Teilchen" alle mit $>=$ Lichtgeschwindigkeit) gelten diese Gründe nicht mehr (vgl Bd I, II) und wir können getrost zu jener Erklärung zurückkehren: Teilchen machen nur dann eine Wellenbewegung, wenn sie dazu „gezwungen" werden. Das werden sie in der Umgebung des Urmodells und behalten dabei (im Unterschied zur Schallwelle...) ihren besonderen Teilchenaufbau bei. Den beschreiben wir sogleich.

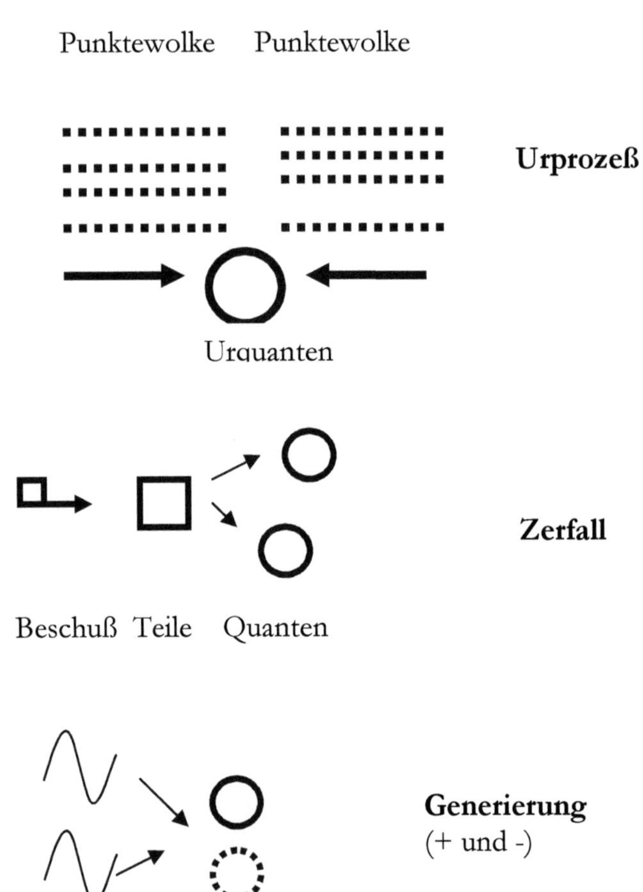

Bild 3.1-1: Entstehung von Quanten

Vorher müssen wir uns noch einige Gedanken zur zweiten Frage machen: Warum fügen sich mehrere Wellen zu einem Teilchen und wie halten sie zusammen. Eine Welle (eine Frequenz, eine Lage, eine Richtung, eine Bewegung...) kann immer nur für eine Eigenschaft (zB eine der vielen – nicht nur vier – Kräfte) stehen (s. vorangehende Bände.). So müssen die Teilchen aus mindestens so vielen Wellen wie Eigenschaften bestehen). Anm: ein Elektron z.B. kann nur dann auf die schwache Kraft reagieren, wenn es selbst den Mechanismus der schwachen Kraft „kennt".

Und wie halten die vielen erforderlichen Wellen nun zusammen? Die Wellen produzieren dauernd Feldquanten, so bemerken wir die Kräfte. Wie diese Feldquanten durch die Subquanten (die Quanten der Gravitation) ausgelöst werden und anziehend oder abstoßened aufeinander wirken haben wir früher gezeigt. In unmittelbarer Nähe wirken diese Mechanismen nicht. Das ist ähnlich wie bei den Quarks, die sich nur bei größerer Distanz anziehen oder abstoßen, so daß einzelne nicht beobachtet werden können. Wenn Sie auf ein Objekt schießen wollen, geht das nicht, wenn die Flinte länger ist als die Distanz zum Objekt. So ist das bei den angelagerten Wellen: Bei zwei Wellen muß jede erst einmal ein Feldquant generieren, das macht zwei Wellenlängen. Dann muß der Rotationswinkel stimmen, macht eine Wellenlänge. Weiter bedarf es vieler Feldquanten, um die Erzeugerwellen aufeinander auszurichten. Das funktioniert gut zwischen den Elementartcilchen aber nicht innerhalb eines Elementes des Entwicklungscodes (zB Kopf) eines Elementarteilchens.

Gleichwohl bleibt es vorstellbar, daß auch zwischen einzelnen Wellen gewisse Bindungspotentiale enstehen *(Bild 3.1-2)*. Die können auch zwischen Wellen gleicher Polung oder Spin (die sich eigentlich abstoßen sollten) gegeben sein. Sie sind bei sehr dichter Lage in gleicher Ausrichtung oder über ein anders gerichtetes Kopplungsquant denkbar. (denkbar!).

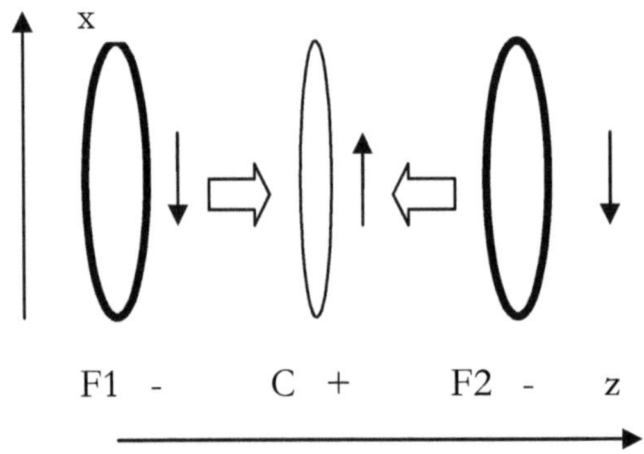

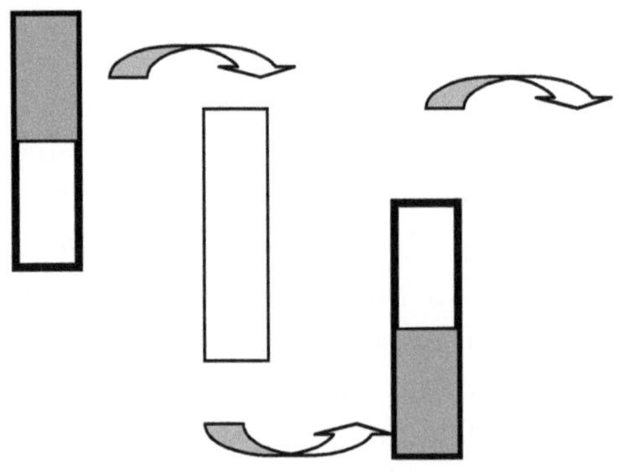

Bild 3.1-2: Kopplungspotentiale im Standardbaustein

3.2 Zerfall

Quanten können durch Strahlung ausreichender Energie
(Wellen) entstehen (s.o.) und zwar paarweise: immer plus,
minus. Ebenso können sie wieder zerfallen: paarweise: wenn
sich plus und minus (Teilchen und Antiteilchen) nahe genug
kommen, zerstrahlen sie in Wellen. *(Bild 3.2)*.

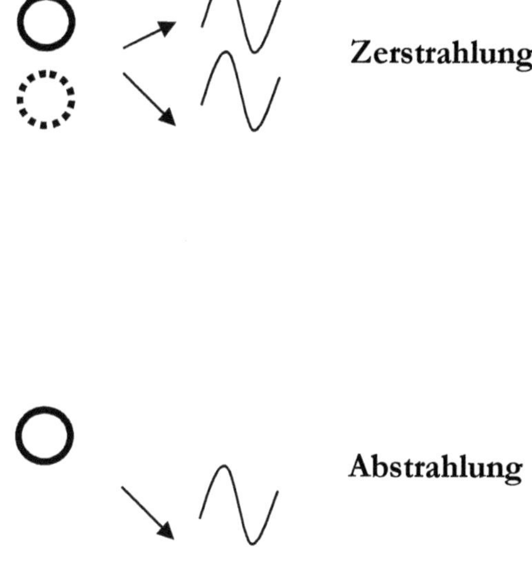

Bild 3.2 : Zerfall von Quanten

Auch einzelne Quanten (Elektron) können durch Energiezufuhr „aufgebaut" und durch Energieabfuhr „abgebaut" werden (Elektron sendet ein Lichtquant aus, wenn es auf eine niedrigere Bahn fällt.

Bei all diesen Prozessen bleibt die Energiebilanz immer konstant. Die Wellen bleiben. Das ist für uns verständlich, wenn wir das Urmodell beachten: Die Wellen, das sind meistens Subquanten, die selbst ein mehrstufiges Wellenpaket beinhalten, das beim Urquant endet. Daß die nicht einfach „verschwinden" können, ist einsichtig. Die Frage drängt sich auf, ob nicht solche Wellen neu entstehen und auch ganz verschwinden können. Die Antwort für das Entstehen haben wir bei der Erläuterung des Urknalls gegeben. Wir müssen fragen: können solche Prozesse nicht laufend, also jetzt in unserem Universum ablaufen (In anderen ohnehin). Und wenn sie laufend entstehen können, müssten sie auch laufend zerfallen. (S. Dissipationsparadoxon Kap 2)

4 Der evolutionäre Teilchencode

4.1 Welle als Bauelement

Wenden wir uns wieder den bekannteren Quanten unseres Universums zu: den Elementarteilchen. Die sollen laut Lehrmeinung Punkte darstellen, also Gebilde ohne Ausdehung, physikalisch:nichts! Diese Punkte beherrschen bis zu 5 „Sprachen" (Die vier Grundkräfte und den Spin), sie können agieren und reagieren, sie produzieren Quanten (Feldquanten) und nehmen Quanten auf, sie beherrschen den ganzen Kanon „der Wellenarithmetik".

In diesem Verständnis müssen wir feststellen: Ein Quant (Elementarteilchen) kann nur dann eine Reaktion auf eine Einwirkung (Kraft) zeigen, wenn es selbst den Mechanismus besitzt. Also ein Elektron, das auf die schwache Kraft reagiert, muß den Mechanismus der schwachen Kraft (der originär beim Neutrino angesiedelt ist) beherrschen. Außerdem muß es die elektrische, magnetische beherrschen sowie die Schwerkraft und den Spin.

Wie diese Wirkmechanismen in einem Punkt unterzubringen sind, bleibt ein Geheimnis der Physiker. Für uns ist die Antwort so klar wie einfach: Es ist die Menge vershiedener Wellenkonstrukte. Na schön, wie sehen die aus? Dazu gleich, zunächst noch eine Folgerung aus dem bisher Gesagten: Wenn die viefältigen „Mechanismen" bei vielfaltigen Quanten vorkommen, dann wäre unsere Schöpfung nicht unsere Schöpfung, wenn sie dafür jedesmal neue Wege erfände. Es liegt also mehr als nahe, daß hierfür „Bausteine" existieren, die „nur" unterschiedlich zusammengesetzt sind. Wir haben hierfür den Begriff *evolutionären Code* gewählt, in Anlehnung an den Begriff des genetischen Codes.

4.2 Elemente des Codes

Standardbausteine Ferminonen (mit Ladung u. Masse)

Welle Kraft1 **F1**
Welle Kraft2 **F2**
Ergänzungswelle **C**

Neutrino   Elektron   Quark

F1 F2 C   **F1 F2 C**   **F1 F2 C**
                  F1 F2 C   **F1 F2 C**
                                    F1 F2 C

Standardbausteine Bosonen

Welle **F**

Massenquant   Licht   Gluon

F   **F**   **F**
F   **F**   **F**
                                F

Bild 4.2 : Standardbausteine der Elementarteilchen

.Der Code soll die Eigenschaften aller Quanten beschreiben können. Bei den Eigenschaften handelt es sich u.a. um die o.g. Kräfte. Das Basiselement muß also alle Kräfte beschreiben können. Das ist, wie schon in Bd IX gezeigt, Die Zusammenstellung von drei Wellen: Kraft 1 (F1), Kraft 2 (F2) sowie eine Welle C, die auf die Bindung der Wellen wirkt. Die Quanten beinhalten ihre charakteristische Kraft im Kopf (beim Elektron elktromagnetische Kraft). Die zusätzlichen kräfte, mit denen sie wechselwirken, werden im Fuß beschrieben, für jede Kraft ein Basiselement. *Bild 4.2.* „Kraft" ist so gemeint, wie der Begriff physikalisch gebraucht wird: elektromagnetisch heißt eine Kraft, „stark" eine andere. Wir werden sehen, daß Kräfte aus mehreren Wellen bestehen können:

In *Bild 4.2-1* sehen wir drei Basiselemente mit je drei Linien in der x-Ebene. Da das Teilchen ruht, (Geschwindigkeit v in Richtung z = 0) sehen wir nur Linien. Die Basisstruktur ist also wie eine Leiter mit den Sprossen in Richtung x-Ebene. Und wie sieht es in der y-Ebene aus? Im Prinzip genau so: zu den Linien der x-Ebene gesellen sich, falls dazu eine Kraft vorhanden ist, je eine Linie auf der y-Ebene. ZB beim Elektron eine Linie für die elektrische, eine für die magnetische Kraft.

Die Linien sind die Projektionen der Wellen bei Geschwindigkeit v = 0 des Teilchens. Eine Gruppierung der Wellen ist dabei nur möglich, wenn sie im Gleichklang schwingen: harmonisch oszillieren. (Dabei hat jedes Basiselement seine eigene Frequenz). Warum besteht ein Basiselement aus drei Linien (Wellen)? Die Zweier-Gruppierung (gleich- und gegnläufig) ist bereits Grundbaustein der Quanten im Urmodell. Die kleinst mögliche Unterscheidung dazu ist die Dreier-Gruppe.

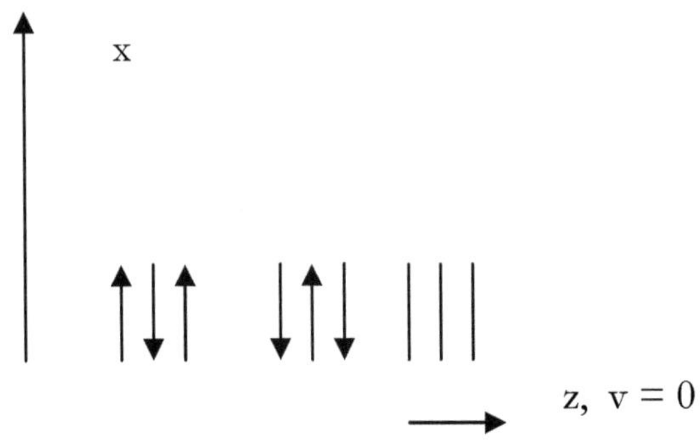

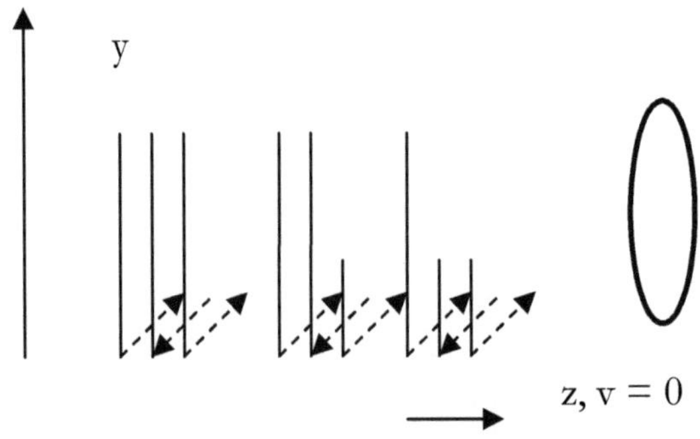

Bild 4.2-1: Basiselemente in x-und y-Ebene

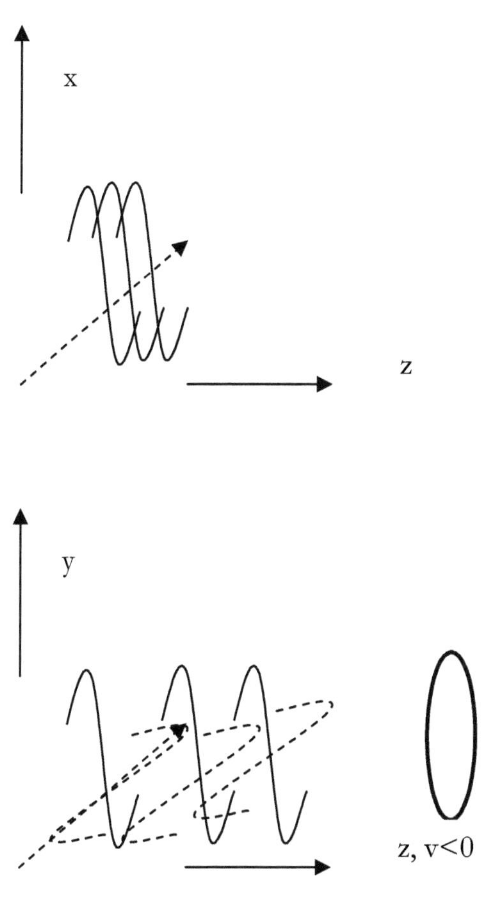

Bild 4.2-2: Bewegung in z-Richtung : Welle

Und warum die Schwingung gerade in x- und y-Richtung? Die erste ist frei wählbar: x. Die zweite ist dann am stabilsten (kleinst mögliche Kollision), wenn sie senkrecht dazu steht. Und die beiden können nur dann eine Einheit bilden, wenn ihre „Nullpunke" zusammenfallen. So ergibt sich dann in der Perspektive für jeden „Kreuzstrich" (ein Strich in der x- einer in der y-Ebene) ein Kreis. Bei der Bewegung in z-Richtung werden die Kreise zu Wellen (auseinandergezogen). *Bild 4.2-2*

Wir wollen zeigen, daß wir mit diesem Aufbau alle Quanten (Elementarteilchen) und ihre Eigenschaften beschreiben können. Dazu müssen wir zunächst die Frage beantworten, Wieso bei den Teilchen immer nur von einer Schwingung (mit der Amplitude in y-Richtung) die Rede ist, nie von zwei: in x- und y-Richtung. (Man denke an die Polarisierung). Es muß also die Schwingung in y-Richtung deutlich markanter sein als die in x-Richtung. y trägt die jeweilige Kraft, zB die elektrische beim Elektron oder Quark. X trägt den Spin. Möglicherweise wird die x-Welle von den Primärquanten unseres Urmodells angestoßen, die y-Welle von den Sekundärquanten.*Bild 4.2-3* Die Leiter in der x-Ebene ist also eine Folge von den Wellen, die den Spin konstruieren. Ohne y-Komponente sind sie als Kopplungswellen (C) zu bezeichnen. Jedes Basiselement besteht also u.a. aus drei (gegenläufigen) C-Wellen.

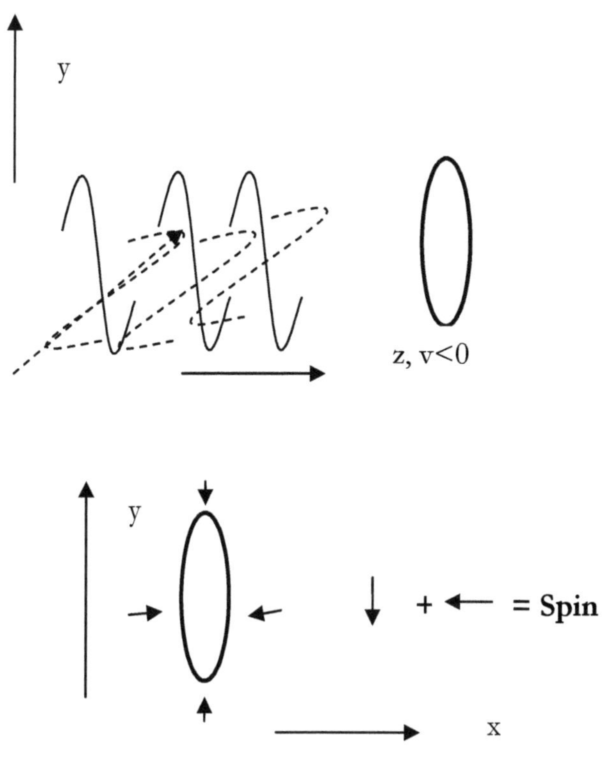

Bild 4.2-3: Welle als Kreis aus y- und x-Impuls

4.3 Wellenstruktur

Elementarteilchen 1 (Fermionen)

Wir versuchen nun, die gängigen Quanten (und Feldquanten) mit dem Entwicklungscode zu beschreiben. Zunächst die Teilchen die die Feldquanten erzeugen: Neutrino, Elektron und Quark. Alle verfügen über Teilchen und Antiteilchen. Alle reagieren mit mehreren Kräften incl. Spin, müssen also deren Mechanismen, dh. deren Code beinhalten.

Das entscheidende Merkmal dieser Quanten ist nicht, daß sie auf die Schwerkraft reagieren (das mögen die Physiker gerne weiterhin so beschreiben) sondern, daß sie Feldquanten produzieren. Also Wellen, die Wellen produzieren = Ladungen, die Feldquanten erzeugen. Das W-und Z-Boson sind auch „schwer", ghören aber nicht in diese Gruppe. Sie tragen auch inaktive Ladungen, die keine Feldquanten erzeugen können. Das Higgs-Teilchen ist auch schwer und gehört nicht dazu – sofern es denn als Teilchen existiert.

D.h. aus unserem Modell müssen die Teilchen, die Feldquanten erzeugen mit Spin ½ herauskommen, die Feldquanten selbst (u.a. Bosonen) mit geradem Spin, meist Spin 1. Das ist in der Tat der Fall. *Bild 4.3-1* In der Übersicht sind die Ladungsquanten (F) immer als Schrägstrich (/) symbolisiert. Sie sind immer gemeinsam mit dem zugehörigen Kopplungsquant (-) in derselben Zeile geschrieben. Nur, wenn dem Kopplungsquant (C) ein Ladungsquant fehlt, wird es als C geschrieben.

E/T	Welle	Quant Kopf Kra	Quant Kopf Spi	Quant Fuß Kra	Quant Fuß Spi	Antiquant Kopf Kra	Antiquant Kopf Spi	Antiquant Fuß Kra	Antiquant Fuß Spi
N	F1	/	-			/	+		
E	F2	0	-				+		
U	C		+				-		
E	F1	/	-	/	+	/	+	/	-
L	F2	\	-	0	+	\	+	0	-
E	C		+				-		
Q	F1	(1/3)	-	2/3	+	/	+	/	-
U	F2	(1/3)	-	\	+	\	+	/	-
r	C		+		-		-		+
Q	F1	(1/3)	-	2/3	+				
U	F2		+	\	+				
b	C	)	-						
Q	F1		+	2/3	+				
U	F2	(1/3)	-	\	+				
g	C	)	-						
Q	F1	(1/3)	-	1/3	-				
D	F2	(1/3)	-	\	-				
r	C		+		+				

Q = Quark U,D = up, down   r,g,b = rot, grün, blau   Kraft:
/ = vorhanden   \ = vertikal zu /   0 = fehlt   ( ) gilt
nur wenn Kopf und Fuß synchron sind

Bild 4.3-1 : Aufbau von Quanten (Fermionen)

Der Aufbau ergibt sich immer aus (einem) spezifizierten Basiselement für den Kopf (mit der spezifischen Ladung F1, F2) und (einem oder mehreren) Basiselementen für den Fuß – je nach Anzahl der Kräfte mit denen das Teilchen wechselwirken kann. Alle Wellen schwingen harmonisch, mit gleicher Frequanz je Basiselement. Kopf und Fuß haben unterschiedliche Frequenzen, der Faktor ist 10 exp 4 bis5. Da die Wellen gleichwohl hormonisch schwingen „streiten" sich Kopf und Fuß alle 10 exp 4 bis5 mal um die Inputs zur Auslösung der jeweiligen Feldquanten. Das wird besonders bei den Quarks deutlich, bei denen die Ladung des Elektrons deshalb auf 1/3 bw 2/3 reduziert ist. Wir haben den Mechanismus oft genug beschrieben.

Zu jedem Teilchen gehören entsprechende Antiteilchen. Hier haben wir wie auch anderen Orts die Basiselemente nur angedeutet. Bleibt noch anzumerken, daß die zweite Kraft F2 beim elektron, die magnetische, sekrecht zur ersten F1, der elektrischen schwingt.

Elementarteilchen 2 (Feldquanten Bosonen)

Wie müssen die Feldquanten konstruiert sein? Dazu müssen wir die Frage beantworten, was die Feldquanten sollen: Sie sollen die Kommunikation zwischen den Ladungen der Fermionen sichern. Sie müssen sich also eindeutig einer Ladung und einem Fermion zuordnen lassen und sie müssen ihre Botschaft übermitteln, dh.ihre Ladung + oder – „handgreiflich" demonstrieren können. Man braucht nicht allzu lange rätseln: Die Fremionen erzeugen die Feldquanten. Sie werden durch die Wellenstruktur ihres Kopfes identifiziert. Die enthält auch die zu vermittelnde Botschaft

| FQ | Feldquant | | Antifeldquant | |
| | Kraft Spin | | Kraft Spin | |
Gruppe	Einzel	Kraft	Spin	Kraft	Spin
N	F1	/	-	/	+
E	F2	0	-		+
U	C		0		0
P	E F1	/	-	/	+
/	F2	\	-	\	+
H	M C	0	0	0	0
O	E F1	/	-	/	+
L	F2	0	0	0	0
T	E C		-		+
O	M F1	0	0	0	0
	A F2	\	-	\	+
N	G C		-		+

FQ		Feldquant			Antifeldquant	
Gruppe	Einzel	Kraft	Spin		Kraft	Spin
G	Q	F1	/	-	/	+
	U	F2	/	-	/	+
L	r	C		0		0
U	Q	F1	/	-		
	U	F2	/	0		
O	b	C		-		
N	Q	F1	/	0		
	U	F2	/	-		
E	g	C		-		
N	Q	F1	/	-		
	D	F2	/	-		
	r	C		0		

Q = Quark U,D = up, down   r,g,b = rot, grün, blau
Kraft: / = vorhanden   \ = vertikal   0 = fehlt

Bild 4.3-2 : Aufbau der Feldquanten (der Fermionen) : Bosonen

Die Feldquanten sollen also die Informationen des Kopfes enthalten. Die des Fußes brauchen sie nicht.. Deshalb können sie auch keine eigenen Feldquanten erzeugen. Die Feldquanten sind die „abgeschossenen Köpfe" der Fermionen. Wenn wir bei den Feldquanten die Köpfe wegschießen, bleibt nichts übrig: ein Lichtteilchen kann keine neuen Lichtteilchen erzeugen, ein Elektron aber elektromagnetische Felder. – Ohne an den abgeschossenen Köpfen zu verbluten, sie werden ersetzt (s.u). Die Feldquanten haben also nur Köpfe. Sie haben genauso Antiformate und alles mit Spin 1 oder -1. *Bild 4.3-2*

4.4 Kontstruktionsbeispiele

Neutrino: Das einfachste („schwere") Elementarteilchen, das Neutrino verfügt über eine Kraft (schwache) und einen Spin mit dem Betrag - ½ . Die Kraft wird von der Welle der y-Achse erzeugt. Senkrecht dazu (x-Achse) wirkt in dergleichen Frequenz die Welle, die den Spin verursacht (Auslenkung der y-Welle in x-Richtung. Die y-Welle ist mit ihrer Bewegung in z-Richtung eine Linksschraube (negative Helizität). Damit wirkt das Drehmoment entgegen der z-Richtung *(Bild 4.4-1)*.

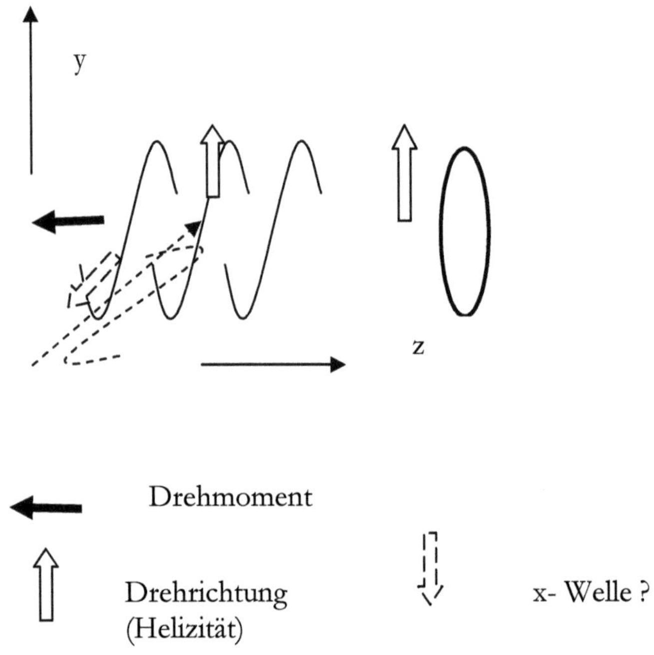

Bild 4.4-1 : Drehmoment linkshändig (Neutrino)

Dieser Zusammenhang zwischen Spin und Drehmoment steht in völliger Übereinstimmung zur klassischen Mechanik. Die stromdurchflossene Spule zeigt diegleichen Effekte in dergleichen Variation: magnetisches – und Drehmoment (Spinentsprechung.). Das Drehmoment der fließenden Elektronen in der Spule wirkt anders als das im Elementarteilchen selbst. Das muß ein quantitativer Vergleich berücksichtigen. Die Größe ½ ist dabei erklärungsbedürftig, was Dirac übernommen hat. Er führt das auf die relativistische Bedingung zuzrück. Der relativistische Energieansatz ist einfach nachzuvollziehen, ebenso das Ergebnis, das auf die Spin-Matrizen von Pauli verweist. An der relativistischen Umgebung darf man zweifeln. Weder ist Lichtgeschwindigkeit noch unbegrenzte Masse auszumachen.

Wir wollen das hier nicht vertiefen und auch kein Urteil fällen. Um die vom Neutrino ausgehenden Feldquanten zu erklären, brauchen wir weitere Wellen, die eine deutliche Unterscheidung der Feldquanten, auch des Neutrinos selbst von anderen erlauben: Der Standardbaustein des Teilchencodes, mit dem wir es hier zu tun haben sollten, besteht aus drei Komponenten: F1, F2, C. Wir haben nur F1 beschrieben mit Y- und X-Welle, also Kraft und Spin. F2 und C bestehen je nur als X-Welle, jede mit dem Betrag ½ . Dabei sind F1, F2 negativ, C positiv, so daß die Summe − ½ ergibt, wie das Experiment fordert und wir oben beschrieben haben.

Elektron: Wie aus Bd IX und den Tabellenübersichten von Kap 4 zu den Quanten ersichtlich, ist das Elektron deutlich komplexer in Aufbau und Funktion als das Neutrino. Von der Erläuterung zu diesen Übersichten wissen wir: Ein Teilchen kann nur dann mit einer Kraft wechselwirken, wenn es alle Mechanismen zur Wechselwirkung mit dieser Kraft besitzt, also insbesondere die Möglichkeit, die entsprechenden Feldquanten zu senden und zu empfangen. Das Elektron kann elektromagnetisch, schwach und mit Schwerkraft wechselwirken. Der Schwerkraftmechanimus steckt in den Standardbausteinen F1, F2, C (s.o). Den elektromechanischen zeigen wir gleich und für den Mechanismus der schwachen Kraft haben wir hier als „Fuß" ein Antineutrino (beim Positron ein Neutrino). Wie (eine untrennbare) Anbindung funktioniert, haben wir oben und das Neutrino selbst in diesem Abschnitt gezeigt.

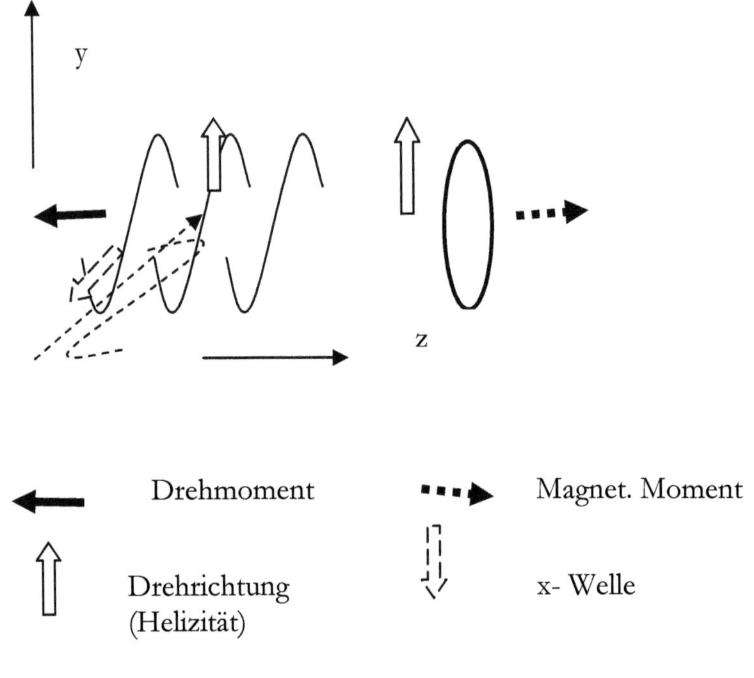

| | Drehmoment | | Magnet. Moment |
| | Drehrichtung (Helizität) | | x- Welle |

Bild 4.4-2 : Drehmoment linkshändig (Elektron)

Umso mehr interessiert die elektromagnetische Wirkung, kennen wir doch Regeln aus der Elektrotechnik, die wir hier wiederfinden oder widerlegen sollten. Weiter ist das magnetische Moment doppelt so groß (gyromagnetischer Faktor = 2) wie es nach den o.g. Regeln sein sollte. Auch hier hat Dirac den relativistischen Ansatz bemüht und eine mathematische Lösung geboten. Gibt unser Modell eine Erklärung?

Wie schon beim Neutrino wollen wir die Darstellung vereinfachen: Wir beschränken uns auf die Wellen des Kopfes und fassen da F1 (elektrische Welle) und F2 (magnetische Welle) zusammen *(Bild 4.4-2)* . Zeigt unser Modell die Lage und Größe der Kräfte richtig? Analog zum Neutrino erzeugen Y- und X-Welle auch den Spin. Der ist negativ, entsprechend haben wir hier eine Linksschraube. Daraus folgt gemäß klassischer Mechanik das Drehmoment entgegen zur Bewegungsrichtung z. Daraus folgt gemäß klassicher Elektrotechnik das magnetische Moment in Richtung z. Der Spin $- \frac{1}{2}$ ergibt sich wie beim Neutrino. Wenn wir nun berücksichtigen, daß die elektrische und magnetische Krafft aus je einer Welle F folgen, so wird unmittelbar einsichtig, daß sich der magnetische Fluß aus zwei Wellen (gleicher Art, nur um 90° versetzt) ergibt, also g = 2.

Positron: Die Abbildung des Positrons ist analog (*Bild 4.4-3*) zu verstehen. Hier liegt eine Rechtrsschraube vor, also muß das Drehmoment in Richtung z liegen. Die Richtung des magnetischen Momentes bleibt gleich, denn die Änderung der Händigkeit zusammen mit der Änderung der Ladung ergeben (klassisch) die Beibehaltung der Richtung.

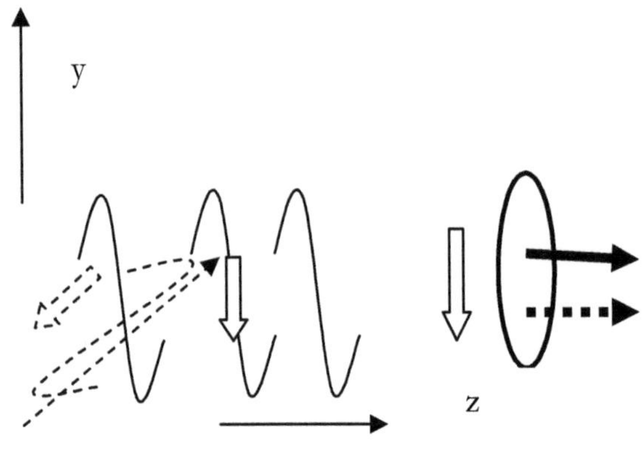

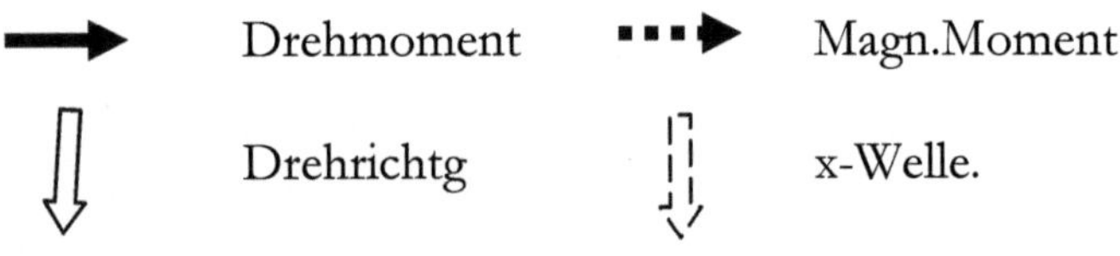

Bild 4.4-3 : Drehmoment rechtshändig (Positron = Antielektron)

5 Bedeutung des Codes
5.1 Modulare Konzeption

Modulare Idee	Objekt
Genom	Lebewesen
Molekül	„Stoffe"
Atom	Materie
Standardmodell	Quanten
Teilchencode	Elementarteilchen
Urmodell	Urquanten

Bild 5.1 : Modulare Konzepte der Natur

Die Anlagerungsmechanismen haben wir in Kap 3 beschrieben. Dabei haben wir die Vermutung geäußert, daß die Wellenbestandteile kaum isolierbar sein dürften. Gleichwohl sind zahlreiche Reaktionen bekannt, bei denen ein Elementarteilchen auf eine Wirkung reagiert, z.B. eine Eigenschaft ändert oder verliert. Das ist ein starker Hinweis für den modularen Aufbau der Elementarteilchen.

Ein weiteres Argument für den modularen Aufbau besteht darin, daß jedes Wellenelement des Codes aus Wellenelementen zusammengesetzt sein sollte (Urmodell). So besteht das Sekundärquant, das bei allen Kräften mitwirkt, mindestens aus zwei Primärquanten.

Im Urmodell sind auch die Strukturen der dunklen Materie und Energie zu finden. Das Urmodell bietet für Entstehung und Zerfall der virtuellen Teilchen nachvollziehbare Erklärungsansätze. Diese Prozesse sind hier insoweit von Bedeutung als sie einen weiteren Beleg für die Modularität der Teilchen sind.

5.2 Rolle des Spin

Nach unserem Modell ist auch der Spin der Elementarteilchen ein Drehmoment. Es wird durch die X- und Y-Welle gebildet. Die vom Moment umschriebene Fläche steht senkrecht zur Z-Achse. Können wir damit auch die Fragen beantworten:
Warum haben die schweren Teilchen (Fermionen) Spin ½?
Warum haben die leichten (Bosonen) Spin 1?
Die Antwort ergibt sich aus dem Teilchencode: bei den schweren ET (Fermionen) sind in jedem Baustein drei X-Wellen vorhanden, deren Summe + oder − ½ ergibt. Dabei zählt immer nur der Baustein des Kopfes. Die Drehmomente im Fuß sind etwa um den Faktor 1000 kleiner (Entspricht dem

Verhältnis der Anzahl der Schwingungen). Bei den leichten (Bosonen) sind immer 2 vorhanden, deren Summe 1 oder 0 ergibt.

Pauli hat den Spin ½ weniger begründet, als formal darstellbar (Pauli Matrizen) und rechenbar gemacht (s.o.). Dirac begründet den Spin ½ mit relativistischem Ansatz. Weil dieser ein formales Ergebnis ähnlich dem von Pauli ergibt, leitet er davon die Richtigkeit der seiner Begründung ab. Beide sehen in keiner Weise ein Drehmoment im Spin.

Eine wesentliche Bedeutung, wenn nicht die wesentliche schlechthin, übernimmt der Spin in unserem Modell für die Richtung der Ladung. Die Drehrichtung ist – von begründeten Ausnahmen abgesehen – identisch mit der Richtung der Ladung: plus/minus oder rechts/links. Als Drehmoment hat der Spin hier eine physikalisch nachvollziehbare Begründung.

5.3 Erzeugung von FQ

Die Kräfte der Teilchen wirken permanent. Das kostet Energie und ohne Energiezufuhr wären die Teilchen in kürzester Zeit am Ende. Der energetische Ausgleich folgt dem Prinzip:

Subquant rein, Feldquant raus.

Das Prinzip ist in Teil IX beschrieben. Es stellen sich mehrere Fragen:

Wie werden die unterschiedlichen Feldquanten erzeugt?

In welcher Frequenz werden sie ausgestoßen?

Gibt es eine bestimmte Richtung?

Die drei Fragen hängen eng zusammen und so geben wir die Antwort zusammenhängend: Die Subquanten können die Welle dann am leichtesten treffen, wenn ihre Eigenbewegung am kleinsten ist: also am Maximum (und oder?) am Minimum der Schwingung. Damit ist die Frequenz festgelegt: sie entspricht der des betroffenen Code-Abschnittes (Fuß, Kopf...). Die Subquanten „verdrängen" die Code-Elemente (F1, F2...) und nehmen ihre Plätze ein. Art und Frequenz der Feldquanten ist damit krorrekt festgelegt. Alle Experimente weisen darauf hin, daß die Richtung der Bewegungsrichtung des Teilchens entspricht. *(Bild: 5.3)*

Damit sind die Überlegungen zu einer nur virtuellen Erzeugung sowie Unendlichkeitskonflikte und Dauerschleifen in den Feynman-Diagrammen durch einen „klassischen" Ansatz ersetzt.

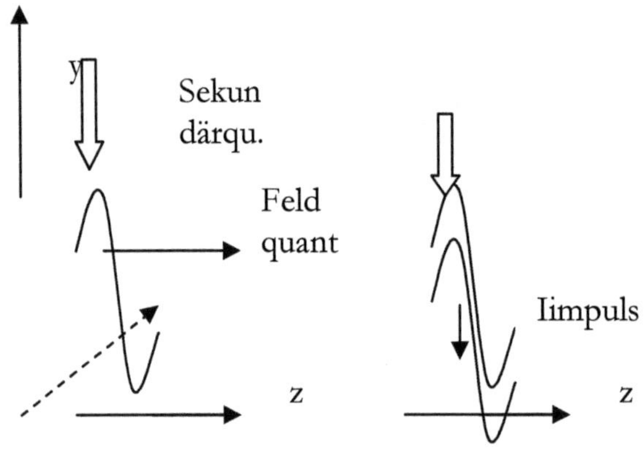

Bild 5.3 : Feldquantenerzeugung

6 Zusammenfassung

Die Ausführungen versuchen,
     den Teilchenzoo systematich zu ordnen
     eine Teilchenstruktur zu finden
     ein Sytem der Teilchenentstehung zu suchen.

Dabei haben wir die Hypothese eines Teilchencodes entwickelt und durch mancherlei praktische wie theoretische Argumente gestützt. Er hat viele Ähnlichkeiten mit dem genetischen Code, und das wohl nicht zufällig, denn auch die Teilchen gehören zur Natur. So wie die alten Unterschiede zwischen Mensch und Tier nach und nach zerfallen so werden wohl auch viele der beschworenen „eindeutigen" Unterschiede zwischen belebter und toter Materie allmählich ihre Bedeutung verlieren.

Bei allen Erkenntnisbemühungen haben wir versucht, die sich ergebenden Systeme offen zu gestalten, so daß sich Änderungen und Ergänzungen leicht einfügen lassen. Den Teilchencode selbst verstehen wir als ein solches offenes System: Er sollte so oder so ähnlich funktionieren. Wir haben uns den Grundfragen in dem Bewußtsein gestellt, daß unser Wissen trotz aller Errungenschaften der letzten „Sekunden" unserer Existenz nur einem Siliziumatom in der Wüste gleichkommt.

Literatur

Derselbe Autor

Das Innenleben der Elementarteilchen. Bod.de 2008

Structure of Quantum I. Amazon.com 2010

Das Innenleben der Elementarteilchen II. Felder, Ladungen, Kräfte. Bod.de 2009

La structure des Particules élémentaires III. Le Néant le Tout et Dieu. Bod.fr 2me ed. 2012

Structure of Quantum IV General Model. Bod.de 20010

Das Innenleben der Elementarteilchen V. Detailmodell. Bod.de 2010

La structure des Particules élémentaires VI. Les règles du néant du tout et du Dieu. Bod.fr 2012

La structure des Particules élémentaires VII f 3me ed. Le Début de l'Univers Bod.fr 2012

Der Sinn des Individuums und des Universums. Das Innenleben der elementarteilchen VIII d.BoD.de 2012

Le Sens de l'Indinidu et de l'Univers La structure des Particules Élémentaires VIII f. BoD.fr 2013

Rätsel der Teilchen und des Universums. Das Innenleben der Elementarteilchen IX d.BoD.de 2013